La carta de Colón anunciando el descubrimiento

Cristóbal Colón

la carta de
Colón
anunciando el
descubrimiento
CRISTÓBAL COLÓN

La Carta de Colón anunciando el descubrimiento

Cristóbal Colón

Señor, porque sé que habréis placer de la gran victoria que Nuestro Señor me ha dado en mi viaje, vos escribo ésta, por la cual sabréis como en 33 días pasé de las islas de Canaria a las Indias con la armada que los ilustrísimos rey y reina nuestros señores me dieron, donde yo hallé muy muchas islas pobladas con gente sin número; y de ellas todas he tomado posesión por Sus Altezas con pregón y bandera real extendida, y no me fue contradicho.

A la primera que yo hallé puse nombre San Salvador [isla Watling] a comemoración de Su Alta Majestad, el cual maravillosamente todo esto ha dado; los Indios la llaman Guanahaní; a la segunda puse nombre la isla de Santa María de Concepción [Cayo Rum]; a la tercera Fernandina [Isla Long]; a la cuarta la Isabela [Isla Crooked]; a la quinta la isla Juana [Cuba], y así a cada una nombre nuevo.

Cuando yo llegué a la Juana, seguí yo la costa de ella al poniente, y la hallé tan grande que pensé que sería tierra firme, la provincia de Catayo. Y como no hallé así villas y lugares en la costa de la mar, salvo pequeñas poblaciones, con la gente de las cuales no podía haber habla, porque luego huían todos, andaba yo adelante por el dicho camino, pensando de no errar grandes ciudades o villas; y, al cabo de muchas leguas, visto que no había innovación, y que la costa me llevaba al setentrión, de adonde mi voluntad era contraria, porque el invierno era ya encarnado, y yo tenía propósito de hacer de él al austro, y también el viento me dio adelante, determiné de no aguardar otro tiempo, y volví atrás hasta un señalado puerto, de adonde envié dos hombres por la tierra, para saber si había rey o grandes ciudades. Anduvieron tres jornadas, y hallaron infinitas poblaciones pequeñas y gente sin número, mas no cosa de regimiento; por lo cual se volvieron.

Yo entendía harto de otros Indios, que ya tenía tomados, como continuamente esta tierra era isla, y así seguí la costa de ella al oriente ciento y siete leguas hasta donde hacía fin. Del cual cabo vi otra isla al oriente, distante de esta diez y ocho leguas, a la cual luego puse nombre la Española y fui allí, y seguí la parte del setentrión, así como de la Juana al oriente, 188 grandes leguas por línea recta; la cual y todas las otras son fertilísimas en demasiado grado, y ésta en extremo. En ella hay muchos puertos en la costa de la mar, sin comparación de otros que yo sepa en cristianos, y hartos ríos y buenos y grandes, que es maravilla. Las tierras de ella son altas, y en ella muy muchas sierras y montañas altísimas, sin comparación de la isla de Tenerife; todas hermosísimas, de mil fechuras, y todas andables, y llenas de árboles de mil maneras y altas, y parece que llegan al cielo; y tengo por dicho que jamás pierden la hoja, según lo puedo comprehender, que los ví tan verdes y tan hermosos como son por mayo en España, y de ellos estaban floridos, de ellos con fruto, y de ellos en otro término, según es su calidad; y cantaba el ruiseñor y otros pajaricos de mil maneras en el mes de noviembre por allí donde yo andaba. Hay palmas de seis o ocho maneras, que es admiración verlas, por la deformidad hermosa de ellas, mas así como los otros árboles y frutos e hierbas. En ella hay pinares a maravilla y hay campiñas grandísimas, y hay miel, y de muchas maneras de aves, y frutas muy diversas. En las tierras hay muchas minas de metales, y hay gente en estimable número. La Española es maravilla; las sierras y las montañas y las vegas y las campiñas, y las tierras tan hermosas y gruesas para plantar y sembrar, para criar ganados de todas suertes, para edificios de villas y lugares. Los puertos de la mar aquí no habría creencia sin vista, y de los ríos muchos y grandes, y buenas aguas, los más de los cuales traen oro. En los árboles y frutos e hierbas hay grandes diferencias de aquellas de la Juana. En ésta hay muchas especierías, y grandes minas de oro y do otros metales.

La gente de esta isla y de todas las otras que he hallado y he habido noticia, andan todos desnudos, hombres y mujeres, así como sus madres los paren, aunque algunas mujeres se cobijan un solo lugar con una hoja de hierba o una cofia de algodón que para ellos hacen. Ellos no tienen hierro, ni acero, ni armas, ni son para ello, no porque no sea gente bien dispuesta y de hermosa estatura, salvo que son muy temeroso a maravilla. No tienen otras armas salvo las armas de las cañas, cuando están con la simiente, a la cual ponen al cabo un palillo agudo; y no osan usar de aquellas; que muchas veces me ha acaecido enviar a tierra dos o tres hombres a alguna villa, para haber habla, y salir a ellos de ellos sin número; y después que los veían llegar huían, a no aguardar padre a hijo; y esto no porque a ninguno se haya hecho mal, antes, a todo cabo adonde yo haya estado y podido haber fabla, les he dado de todo lo que tenía, así paño como otras cosas muchas, sin recibir por ello cosa alguna; mas son así temerosos sin remedio. Verdad es que, después que se aseguran y pierden este miedo, ellos son tanto sin engaño y tan liberales de lo que tienen, que no lo creería sino el que lo viese. Ellos de cosa que tengan, pidiéndosela, jamás dicen de no; antes, convidan la persona con ello, y muestran tanto amor que darían los corazones, y, quieren sea cosa de valor, quien sea de poco precio, luego por cualquiera cosica, de cualquiera manera que sea que se le dé, por ello se van contentos. Yo defendí que no se les diesen cosas tan civiles como pedazos de escudillas rotas, y pedazos de vidrio roto, y cabos de agujetas aunque, cuando ellos esto podían llegar, les parecía haber la mejor joya del mundo; que se acertó haber un marinero, por una agujeta, de oro peso de dos castellanos y medio; y otros, de otras cosas que muy menos valían, mucho más; ya por blancas nuevas daban por ellas todo cuanto tenían, aunque fuesen dos ni tres castellanos de oro, o una arroba o dos de algodón filado. Hasta los pedazos de los arcos rotos, de las pipas tomaban, y daban lo que tenían como bestias; así que me pareció mal, y yo lo defendí, y daba yo graciosas mil cosas buenas, que yo llevaba, porque tomen amor, y allende de esto se hagan cristianos, y se inclinen al amor y servicio de Sus Altezas y de toda la nación castellana, y procuren de ayuntar y nos dar de las cosas que tienen en abundancia, que nos son necesarias. Y no conocían ninguna seta ni idolatría salvo que todos creen que las fuerzas y el bien es en el cielo, y creían muy firme que yo con estos navíos y gente venía del cielo, y en tal catamiento me recibían en todo cabo, después de haber perdido el miedo. Y esto no procede porque sean ignorantes, y salvo de muy sutil ingenio y hombres que navegan todas aquellas mares, que es maravilla la buena cuenta que ellos dan que de todo; salvo porque nunca vieron gente vestida ni semejantes navíos.

Y luego que llegué a Indias, en la primera isla que hallé tomé por fuerza algunos de ellos, para que deprendiesen y me diesen noticia de lo que había en aquellas partes, así fue que luego entendieron, y nos a ellos, cuando por lengua o señas; y estos han aprovechado mucho. Hoy en día los traigo que siempre están de propósito que vengo del cielo, por mucha conversación que hayan habido conmigo; y éstos eran los primeros a pronunciarlo adonde yo llegaba, y los otros andaban corriendo de casa en casa y a las villas cercanas con voces altas: venid, venid a ver la gente del cielo; así, todos, hombres como mujeres, después de haber el corazón seguro de nos, venían que no quedaban grande ni pequeño, y todos traían algo de comer y de beber, que daban con un amor maravilloso. Ellos tienen en todas las islas muy muchas canoas, a manera de fustas de remo, de ellas mayores, de ellas menores; y algunas son mayores que una fusta de diez y ocho bancos. No son tan anchas, porque son de un solo madero; mas una fusta no terná con ellas al remo, porque van que no es cosa de creer. Y con éstas navegan todas aquellas islas que son innumerables, y tratan sus mercaderías. Alguna de estas canoas he visto con 70 y 80 hombres en ella, y cada uno con su remo.

En todas estas islas no vi mucha diversidad de la hechura de la gente, ni en las costumbres ni en la lengua; salvo que todos se entienden, que es cosa muy singular para lo que espero que determinaran Sus Altezas para la conversión de ellos a nuestra santa fe, a la cual son muy dispuestos.

Ya dije como yo había andado 107 leguas por la costa de la mar por la derecha línea de occidente a oriente por la isla de Juana, según el cual camino puedo decir que esta isla es mayor que Inglaterra y Escocia juntas; porque, allende de estas 107 leguas, me quedan de la parte de poniente dos provincias que yo no he andado, la una de las cuales llaman Avan, adonde nace la gente con cola; las cuales provincias no pueden tener en longura menos de 50 o 60 leguas, según pude entender de estos Indios que yo tengo, los cuales saben todas las islas.

Esta otra Española en cierco tiene más que la España toda, desde Colibre, por costa de mar, hasta Fuenterrabía en Viscaya, pues en una cuadra anduve 188 grandes leguas por recta línea de occidente a oriente. Esta es para desear, y vista, para nunca dejar; en la cual, puesto que de todas tenga tomada posesión por Sus Altezas, y todas sean más abastadas de lo que yo sé y puedo decir, y todas las tengo por de Sus Altezas, cual de ellas pueden disponer como y tan cumplidamente como de los reinos de Castilla, en esta Española, en el lugar más convenible y mejor comarca para las minas del oro y de todo trato así de la tierra firme de aquí como de aquella de allá del Gran Can, adonde habrá gran trato y ganancia, he tomado posesión de una villa grande, a la cual puse nombre la villa de Navidad; y en ella he hecho fuerza y fortaleza, que ya a estas horas estará del todo acabada, y he dejado en ella gente que abasta para semejante hecho, con armas y artellarías y vituallas por más de un ano, y fusta, y maestro de la mar en todas artes para hacer otras, y grande amistad con el rey de aquella tierra, en tanto grado, que se preciaba de me llamar y tener por hermano, y, aunque le mudase la voluntad a ofender esta gente, él ni los suyos no saben que sean armas, y andan desnudos, como ya he dicho, y son los más temerosos que hay en el mundo; así que solamente la gente que allá queda es para destruir toda aquella tierra; y es isla sin peligros de sus personas, sabiéndose regir.

En todas estas islas me parece que todos los hombres sean contentos con una mujer, y a su mayoral o rey dan hasta veinte. Las mujeres me parece que trabajan más que los hombres. Ni he podido entender si tienen bienes propios; que me pareció ver que aquello que uno tenía todos hacían parte, en especial de las cosas comederas.

En estas islas hasta aquí no he hallado hombres mostrudos, como muchos pensaban, mas antes es toda gente de muy lindo acatamiento, ni son negros como en Guinea, salvo con sus cabellos correndíos, y no se crían adonde hay ímpeto demasiado de los rayos solares; es verdad que el sol tiene allí gran fuerza, puesto que es distante de la línea equinoccial veinte y seis grados. En estas islas, adonde hay montañas grandes, allí tenía fuerza el frío este invierno; mas ellos lo sufren por la costumbre, y con la ayuda de las viandas que comen con especias muchas y muy calientes en demasía. Así que mostruos no he hallado, ni noticia, salvo de una isla Quaris, la segunda a la entrada de las Indias, que es poblada de una gente que tienen en todas las islas por muy feroces, los cuales comen carne humana. Estos tienen muchas canoas, con las cuales corren todas las islas de India, y roban y toman cuanto pueden; ellos no son más disformes que los otros, salvo que tienen costumbre de traer los cabellos largos como mujeres, y usan arcos y flechas de las mismas armas de cañas, con un palillo al cabo, por defecto de hierro que no tienen. Son feroces entre estos otros pueblos que son en demasiado grado cobardes, mas yo no los tengo en nada más que a los otros. Estos son aquéllos que tratan con las mujeres de Matinino, que es la primera isla, partiendo de España para las Indias, que se halla en la cual no hay hombre ninguno. Ellas no usan ejercicio femenil, salvo arcos y flechas, como los sobredichos, de cañas, y se arman y cobijan con launes de arambre, de que tienen mucho.

Otra isla hay, me aseguran mayor que la Española, en que las personas no tienen ningún cabello. En ésta hay oro sin cuento, y de ésta y de las otras traigo conmigo Indios para testimonio.

En conclusión, a hablar de esto solamente que se ha hecho este viaje, que fue así de corrida, pueden ver Sus Altezas que yo les daré oro cuanto hubieren menester, con muy poquita ayuda que Sus Altezas me darán; ahora, especiería y algodón cuanto Sus Altezas mandarán, y almástiga cuanta mandarán cargar, y de la cual hasta hoy no se ha hallado salvo en Grecia en la isla de Xío, y el Señorío la vende como quiere, y ligunáloe cuanto mandarán cargar, y esclavos cuantos mandarán cargar, y serán de los idólatras; y creo haber hallado ruibarbo y canela, y otras mil cosas de sustancia hallaré, que habrán hallado la gente que yo allá dejo; porque yo no me he detenido ningún cabo, en cuanto el viento me haya dado lugar de navegar; solamente en la villa de Navidad, en cuanto dejé asegurado y bien asentado. Y a la verdad, mucho más hiciera, si los navíos me sirvieran como razón demandaba.

Esto es harto y eterno Dios Nuestro Señor, el cual da a todos aquellos que andan su camino victoria de cosas que parecen imposibles; y ésta señaladamente fue la una; porque, aunque de estas tierras hayan hablado o escrito, todo va por conjectura sin allegar de vista, salvo comprendiendo a tanto, los oyentes los más escuchaban y juzgaban más por habla que por poca cosa de ello. Así que, pues Nuestro Redentor dio esta victoria a nuestros ilustrísimos rey e reina y a sus reinos famosos de tan alta cosa, adonde toda la cristiandad debe tomar alegría y hacer grandes fiestas, y dar gracias solemnes a la Santa Trinidad con muchas oraciones solemnes por el tanto ensalzamiento que habrán, en tornándose tantos pueblos a nuestra santa fe, y después por los bienes temporales; que no solamente la España, mas todos los cristianos ternán aquí refrigerio y ganancia.

Esto, según el hecho, así en breve.

Fecha en la carabela, sobre las islas de Canaria, a 15 de febrero, año 1493.

Hará lo que mandaréis

El almirante.

Después de ésta escrita, y estando en mar de Castilla, salió tanto viento conmigo sul y sueste, que me ha hecho descargar los navíos. Pero corrí aquí en este puerto de Lisboa hoy, que fue la mayor maravilla del mundo, adonde acordé escribir a Sus Altezas. En todas las Indias he siempre hallado los temporales como en mayo; adonde yo fui en 33 días, y volví en 28, salvo que estas tormentas me han detenido 13 días corriendo por este mar. Dicen acá todos los hombres de la mar que jamás hubo tan mal invierno ni tantas pérdidas de naves.

Fecha a 4 días de marzo.

*****

Printed in the USA
CPSIA information can be obtained
at www.ICGtesting.com
LVHW041932040124
767912LV00075B/15

9 791222 090849